LES
HABITANTS DE L'AIR

PAR

L'auteur de *Visite à une Ménagerie*, etc.

TOULOUSE,
SOCIÉTÉ DES LIVRES RELIGIEUX.
DÉPÔT : RUE ROMIGUIÈRES, 7.

—

1874

PUBLIÉ PAR LA SOCIÉTÉ DES LIVRES RELIGIEUX
DE TOULOUSE.

TOULOUSE, IMPRIMERIE A. CHAUVIN ET FILS, RUE DES SALENQUES, 28.

LES HABITANTS DE L'AIR.

Vous l'avez compris, n'est-ce pas, petits enfants? c'est des oiseaux que je veux vous parler. Qui a créé les oiseaux, ces joyeux habitants de l'air? C'est ce même Dieu tout puissant et tout bon, qui nous a donné la vie, le mouvement et l'être; qui a fait la lumière et les ténèbres, la terre et les eaux, le soleil et la lune, les plantes et les animaux. « Que les oiseaux volent sur la terre vers l'étendue des cieux! » dit Dieu au cinquième jour de la création. Et soudain apparut, l'un après l'autre, « tout oiseau ayant des ailes, selon son espèce. » Oh! que notre Dieu est grand! Que ses œuvres sont admirables et magnifiques!

Vous savez, petits enfants, qu'on appelle *quadrupèdes* les animaux terrestres, parce qu'ils ont quatre pieds. On appelle les oiseaux des *bipèdes*, parce qu'ils n'ont que deux jambes et deux pieds. Mais s'ils sont privés de bras, ou de pattes de devant, en revanche, ils ont des ailes. Ces ailes, qui sont garnies de fortes plumes, se déploient et se ferment à volonté, à peu près comme un éventail. Ce sont elles qui soutiennent l'oiseau dans l'espace et qui lui permettent de s'élever à une hauteur où notre œil ne peut les suivre.

Tous les oiseaux (à part de très-rares exceptions) se construisent un nid. Leur nid c'est leur maison, c'est l'intérieur de leur ménage, c'est le berceau de leurs enfants. C'est là qu'aux premiers beaux jours ils déposent leurs œufs, d'où sortiront plus tard de petits oisillons. Un nid d'oiseau est, à mon avis, une véritable merveille. Il y en a de toutes formes et de toutes grandeurs, car chaque espèce fait un nid différent. Tel oiseau perche le sien sur les plus hautes branches d'un peuplier ou d'un sapin; tel autre le suspend dans les roseaux, près d'une rivière; un troisième le cache dans les blés, sur le sol, entre deux mottes de terre. Celui-ci se bâtit une maisonnette avec de la boue et du mortier; celui-là entrelace des joncs, des brins d'herbe ou de paille, et se fait une petite corbeille. Quand vous vous promènerez à la campagne, vous pourrez voir quelques-uns de ces jolis nids. Admirez-les, mais je vous en supplie, n'y touchez pas ! Respectez le travail du père et de la mère ; surtout ne leur ravissez pas leurs petits. L'homme n'a le droit de faire souffrir inutilement aucune créature vivante. Le Seigneur, lui, a souci des oiseaux de l'air ; il les nourrit, il a pitié d'eux. Prenons exemple sur le Seigneur : soyons compatissants même envers les petits oiseaux.

Regardez la gravure qui est placée en tête de ce livre. Voyez-vous cette grande poche brune qui se balance au bout d'une branche? C'est le nid du bel oiseau, au plumage noir et feu, qui vole auprès. Cet habile architecte, ou plutôt cet habile tisserand, s'appelle l'*Oriole de Baltimore*. Il ne vit qu'en Amérique. Son nid est l'un des plus beaux que l'on connaisse. Dès que deux orioles ont fait choix d'un emplacement convenable pour s'y établir, ils se mettent à l'œuvre. Le mari prend son essor, et bientôt revient tout joyeux, portant dans son bec un filament d'une mousse très-longue et très-forte, particulière à l'Amérique. Alors, avec une prestesse qui pourrait faire envie au plus habile marin, il en attache les deux bouts à deux rameaux rapprochés, ayant soin que le fil ne soit pas tendu, mais qu'il retombe comme un hamac. A côté de ce premier fil, il en place d'autres. Quand Mme Oriole, qui voltige à l'entour, s'est assurée que l'ouvrage est en bonne voie, elle va chercher à son tour un fil quelconque, qu'elle place, non à côté de ceux de son mari, mais dans un sens contraire; si bien, que tous ces fils se croisent, s'entrecroisent, et finissent par former un solide tissu, ressemblant à un filet très-serré, ou mieux encore, à un ravaudage. Dans les contrées chaudes de l'Amérique, les orioles ne doublent pas leur nid; mais dans les climats froids, en parents bien avisés, ils le garnissent à l'intérieur de laine, de coton, de chanvre, le tout assujéti avec de longs crins. — Ces chers petits orioles! Ne sont-ils pas bien intéressants et bien habiles? Ni vous ni moi ne les oublierons, n'est-ce pas, petits amis?

Regardez de nouveau la gravure. Voyez cette large feuille, pliée comme un cornet. Ne dirait-on pas qu'elle est cousue avec du gros fil, ou lacée en zigzag comme un corset? Qui l'a cousue ainsi? Devinez! C'est le petit oiseau au plumage sombre, aux formes élégantes, qui est perché au-dessus. On l'a surnommé l'*Oiseau-tailleur ;* et vraiment il est bien nommé, car un tailleur ne pourrait mieux faire. Mais où prend-il son fil et son aiguille ? Son fil, il le prend dans les feuilles, dont il détache avec son bec les fibres ou nervures. Quant à l'aiguille, c'est son bec même qui en tient lieu. Il en perce la grande feuille où il veut installer son ménage, puis passe et repasse dans les trous le fil qu'il a préparé. Dans cette jolie enveloppe, l'oiseau-tailleur cache son nid : doux et gracieux nid, artistement composé de légers brins d'herbe, de duvet et de toiles d'araignée.

N'est-ce pas admirable, mes chers enfants? Et combien de nids, presque aussi merveilleux que ceux dont je viens de vous parler, ne pourrais-je pas vous décrire? Mais où donc les habitants de l'air ont-ils appris le métier de maçon, de vannier, de tisserand ? D'où leur vient tant d'habileté et tant d'adresse? Ils ne vont pourtant ni à l'école ni en apprentissage? Non ; c'est le grand Dieu du ciel qui leur apprend à construire leur nid. C'est lui qui les a doués de l'instinct, de la patience, de la dextérité nécessaires pour préparer à leurs petits l'habitation qui leur convient. Quand donc nous voyons un nid, pensons à ce Dieu qui daigne pourvoir aux besoins de toutes ses créatures ; et disons-nous que puisqu'il n'oublie pas un seul des plus petits oiseaux, à plus forte raison n'oubliera-t-il jamais aucun de ses enfants.

Il y a tant d'espèces d'oiseaux, que si je voulais seulement vous en indiquer les noms, ce petit livre y suffirait à peine. Je me bornerai à vous parler de quelques-uns.

L'AIGLE.

« A tout seigneur, tout honneur, » dit un proverbe. L'aigle a été surnommé le roi des oiseaux ; c'est donc par lui qu'il faut commencer. Pourquoi a-t-il reçu le titre de roi ? Est-ce parce qu'il est le plus doux, le plus aimable, le plus utile des habitants de l'air? Oh non! loin de là. Je pense que c'est plutôt parce qu'il en est le plus puissant et le plus terrible. L'aigle est un bel oiseau, à l'aspect imposant et farouche, au regard plein d'audace, au bec fièrement recourbé. Son plumage est brun, nuancé de gris ou de blanc. Ses doigts sont armés d'ongles, ou fortes griffes appelées *serres*. Souvent sa taille dépasse un mètre, c'est-à-dire qu'il est plus grand qu'un enfant de sept à huit ans. Ses ailes sont très-étendues, et son vol est d'une rapidité prodigieuse. On assure qu'il peut parcourir de quarante à cinquante lieues par heure; il va donc quatre ou cinq fois plus vite qu'une locomotive lancée à toute vapeur. En neuf jours il pourrait faire le tour du monde.

L'aigle habite les montagnes, les falaises escarpées, les sites les plus sauvages. Il construit son nid sur des rochers presque inaccessibles. Ce nid, auquel on a donné le nom d'*aire*, et qui a quelquefois six mètres de tour, se compose d'un lit de bâtons, rangés avec ordre, sur lequel est étendu un peu de bruyère. C'est dans ce berceau peu moelleux que les aiglons sortent de l'œuf et viennent au monde. Leurs parents les nourrissent et les soignent avec beaucoup de tendresse ; on assure même qu'ils les soutiennent sur leurs puissantes ailes quand les petits s'essaient à voler.

L'aigle est un oiseau carnassier ; il a des instincts féroces et un formidable appétit. Le croiriez-vous ? On a trouvé, dans une seule aire, les squelettes de trois cents canards et de quarante lièvres ! Comme il ne se nourrit jamais que de gibier vivant, il est presque toujours en chasse. Il attaque non-seulement les gros oiseaux, le menu gibier, les moutons, mais encore les veaux et les chevreuils. Quelquefois même on a vu des aigles fondre sur des hommes. On raconte qu'un jeune berger, ayant aperçu une aire dans une fente de rochers, résolut d'aller chercher les aiglons. Il choisit le moment où les parents étaient à chasser, traversa à la nage un petit lac qui le séparait du rocher, grimpa jusqu'au nid et s'empara des aiglons. Mais tandis qu'il nageait de nouveau pour regagner la rive, les vieux aigles l'aperçoivent ; ils fondent sur lui avec la rapidité de l'éclair, délivrent leurs petits, et à coups de serres et de bec, tuent le ravisseur.

Mais voici un autre fait qui vous intéressera davantage ; il s'est passé en Ecosse, pays montagneux situé au nord de l'Angleterre.

Un jour, des paysans fauchaient un pré. Tout à coup un aigle énorme paraît dans les airs, et bientôt s'abat sur un tas de foin. Qu'y avait-il donc sur ce foin ? Hélas ! un petit bébé y dormait paisiblement ; sa mère, une des faneuses, l'y avait déposé, et l'œil perçant de l'aigle l'avait aperçu. Saisir l'enfant avec ses redoutables serres, déployer ses vastes ailes et s'envoler vers son nid, fut pour le cruel oiseau l'affaire d'un instant. Jugez de la consternation des spectateurs ! Les hommes criaient, les femmes pleuraient ; tous se dirigeaient en courant vers un rocher à pic, au sommet duquel l'aire était située. Chacun brûlait du désir de sauver le pauvre enfant ; mais le rocher était si haut, si escarpé ! Enfin, un vieux marin se présente. Naguère, il grimpait aux mâts de son navire, peut-être pourra-t-il atteindre la crête du rocher. Mais à peine commençait-il la périlleuse escalade, qu'une femme s'élance à son tour. Quelle était cette femme ? Ne le devinez-vous pas ? C'était la mère du petit enfant ! Eperdue, muette de douleur, elle avait d'abord contemplé d'un œil sec le nid de l'aigle. Soudain, sa résolution est prise : elle sauvera son fils ou elle mourra avec lui. Pauvre faible femme ! elle court, elle vole, elle franchit tous les obstacles, elle se cramponne aux racines des genêts, aux rameaux épineux des ronces. Bientôt elle a dépassé le robuste marin. Merveilleuse puissance de l'amour maternel qui la soutenait dans son ascension désespérée ! Bonté touchante du Seigneur, qui préservait ses pieds de chute ! D'en bas, tous les yeux la suivent avec anxiété. Enfin, elle touche au but, elle atteint le sommet... Mais les terribles oiseaux ne vont-ils pas la mettre en pièces ? Non ! A son approche, ils poussent des cris aigus et s'envolent. Dans le nid, la mère trouva son cher enfant, entouré d'ossements d'animaux et souillé de leur sang : mais, ô bonheur ! les aigles n'avaient point commencé de le déchirer ; pas la moindre égratignure sur son petit corps. Sans perdre de temps, la mère le suspend à sa ceinture, au moyen de son châle, et commence à descendre. Mais quelque pénible qu'eût été la montée, la descente le fut bien plus encore ; toutefois, Dieu lui vint en aide. Arrivée à un pas très-dangereux, elle aperçut une chèvre conduisant ses deux chevreaux. Elle savait que la bonne bête guiderait ses petits par le sentier le plus facile : elle la suivit donc, et bientôt rencontra ses amis qui venaient au-devant d'elle. Je vous laisse à penser la joie de tous ; que de félicitations pour la mère! que de caresses pour l'enfant! C'etait à qui le tiendrait dans ses bras, le comblerait de tendres soins. J'espère que cet enfant n'aura jamais oublié le dévouement de sa mère, et qu'en avançant en âge, il aura fait tous ses efforts pour lui prouver sa reconnaissance.

Il y a des aigles dans presque toutes les contrées du monde ; on en compte un grand nombre d'espèces. *L'aigle royal* ou *aigle brun* est fort commun en Europe. En France, on en trouve dans les Alpes, les Pyrénées et les montagnes d'Auvergne. J'ai vu moi-même, dans les Hautes-Alpes, un aigle superbe qui venait d'être pris et tué dans des circonstances très-singulières. Un paysan l'avait aperçu bien haut dans les airs, emportant un lièvre qu'il avait sans doute enlevé sur quelque montagne voisine. Aussitôt, l'homme prend son fusil et s'empresse de lui envoyer une balle. Le coup porte ; l'aigle lâche sa proie, mais lui-même continue à planer dans l'espace. Cependant, le paysan ne se tient pas pour battu. Tout près de là se trouvait un piége à loup : il ramasse le lièvre, va le poser sur le piége et s'éloigne. L'aigle qui semblait ne pouvoir se résoudre à abandonner sa proie et qui n'avait cessé de tournoyer au-dessus de l'endroit où elle était tombée, ne l'a pas plutôt aperçue de nouveau, qu'il fond sur elle, s'en saisit, et de la sorte, est pris au piége. Ce magnifique oiseau était énorme. Ses ailes déployées mesuraient deux mètres. Sans exagérer, sa tête était aussi grosse que celle d'un petit enfant. Chacun de ses ongles ressemblait à ces crochets de fer dont se servent les bouchers pour y suspendre la viande. Son plumage, d'un brun grisâtre, moucheté de blanc, était extrêmement joli.

L'aigle doré se trouve en Algérie, aux Indes, et dans quelques contrées de l'Europe. Il doit son nom aux brillants reflets des plumes qui garnissent son cou et sa tête.

L'aigle pêcheur fréquente les bords de la mer et se nourrit de poissons, qu'il saisit à la surface de l'eau, ou qu'il va chercher en plongeant. Il y a aussi une variété d'aigle qui est très-friand de poisson, mais qui trouve plus commode de vivre aux dépens d'autrui que de pêcher lui-même : c'est le *grand aigle à tête blanche*, qui habite principalement l'Amérique. Aussi rusé qu'il est fort, ce majestueux oiseau agit avec un sans-gêne vraiment royal. Perché sur la cime d'un rocher, d'où il domine la vaste mer, il surveille attentivement les évolutions des divers oiseaux qui se livrent à la pêche. Voit-il un laborieux épervier, qui après de longs efforts est parvenu à s'emparer d'une proie, il fond sur lui comme un tourbillon, l'assaille à coups de bec, le force à lâcher son butin; puis, avec une adresse incomparable, il saisit le poisson avant qu'il retombe dans l'eau, et va le dévorer paisiblement sur son rocher. Que dites-vous de ce grand aigle, petits amis? N'êtes-vous pas indignés de sa conduite? Oh! ne l'imitez pas; n'usez de violence envers personne. N'opprimez pas les faibles. Chez les hommes, hélas! comme chez les animaux,

« La raison du plus fort est toujours la meilleure ; »

mais la loi de l'Evangile est tout autre : « PAIX SUR LA TERRE! BONNE VOLONTÉ PARMI LES HOMMES! » telle est la devise que le Seigneur Jésus est venu apporter au monde.

L'aigle est souvent nommé dans l'Ecriture sainte. Il était défendu aux Israélites de s'en nourrir; savez-vous pourquoi? Parce que sa chair, comme celle de tous les carnassiers, est coriace et malsaine. Dans un des livres de Moïse, le Seigneur compare la sollicitude qu'il éprouve pour ses enfants aux soins dont le roi des airs entoure ses petits. « Comme l'aigle, pour » exciter ses petits à voler, étend ses ailes, voltige » sur eux, les reçoit et les porte sur ses ailes, de » même l'Eternel conduit son peuple. » N'est-ce pas bien touchant, petits amis? Qui ne voudrait faire partie du peuple de Dieu, afin d'être l'objet de son tendre amour?

Il y a plusieurs espèces d'oiseaux qui ne sont, pour ainsi dire, que des aigles de petite taille : ils en ont le plumage, le bec crochu, le vol rapide, les instincts féroces. Tels sont la *Buse*, l'*Epervier*, le *Faucon*, le *Mi-*

lan, etc. Les petits oiseaux ont en eux de cruels ennemis. Ils font aussi de grands ravages dans les basses-cours des fermes écartées. Par compensation, tous ces oiseaux rendent quelques services à l'homme, en détruisant chaque année un nombre considérable de rats, de souris, de mulots et de serpents.

Autrefois, il y a bien longtemps de cela, on apprivoisait des faucons et des éperviers, et on les dressait pour la chasse. Grands seigneurs et belles dames se promenaient dans leurs domaines, portant sur le poing leur faucon favori, et se délectaient à le voir poursuivre avec acharnement une faible alouette ou une timide colombe qu'ils venaient ensuite déposer expirante aux pieds de leurs maîtres. Quel usage barbare que celui-là, n'est-il pas vrai? Regrettez-vous qu'il n'existe plus aujourd'hui? Oh! non, bien sûr!... Et vous avez raison.

LE VAUTOUR.

Que dites-vous de cet oiseau, petits amis ? N'est-il pas effrayant, même en image ? Il a l'air tout aussi féroce que l'aigle, mais il est beaucoup moins beau. Son aspect a même quelque chose de repoussant. Sa tête allongée et aplatie est complétement chauve ; son long cou, également privé de plumes, est garni à la base d'une sorte de collerette de duvet blanc, ce qui produit le plus étrange effet. Mais ce n'est pas seulement l'extérieur du vautour qui est moins noble que celui de l'aigle : il a aussi des instincts plus bas. De même que l'aigle peut se comparer au lion, de même le vautour rappelle l'hyène. Comme celle-ci en effet, le vautour se nourrit de cadavres et non de proies vivantes ; ce n'est que par exception, et à défaut de proies mortes, qu'il attaque de petits animaux, des moutons, des chèvres, etc. Son odorat doit être sinon très-délicat, du moins très-développé, car dès que le cadavre de quelque animal commence à se corrompre, s'il y a un vautour à trois lieues à la ronde, on est sûr de le voir arriver à tire d'aile. Des nuées de ces ignobles oiseaux planent au-dessus des champs de bataille, et suivent, en Orient, les caravanes qui traversent le désert. Un pauvre chameau, exténué de fatigue, tombe-t-il mort sur le sable brûlant, cinq ou six vautours se jettent sur lui, déchirent ses chairs, s'en disputent les lambeaux, et ne reprennent leur vol que lorsqu'il ne reste plus de leur hideux festin que quelques ossements dépouillés. La gloutonnerie du vautour dépasse même celle de l'hyène. Souvent, il absorbe une si énorme quantité de chair qu'il ne peut s'envoler. Il reste alors, pendant des heures entières, plongé dans une sorte de torpeur, immobile comme une statue, son cou nu rentré dans sa poitrine, attendant patiemment que le travail de la digestion se fasse. — Que pensez-vous de la gloutonnerie, petits lecteurs ? N'est-elle pas dégoûtante, même chez les oiseaux ? Et que dire de ce honteux penchant lorsqu'il se rencontre chez les enfants ou chez les hommes ?... Oh! gardez-vous, je vous en supplie, de tout excès dans le manger ou dans le boire. Le gourmand est un être méprisable, et Dieu, juste juge, ne le laissera point impuni.

Et pourtant, tout ignobles que sont les vautours, il est des pays où on les tient en grande estime. En Egypte, il est expressément défendu par les règlements de la police de tuer un de ces oiseaux; et dans certaines contrées de l'Afrique et de l'Asie, on a même pour eux une vénération superstitieuse. Pourquoi cela? Parce qu'ils rendent de grands services au point de vue de la salubrité publique. Dans les climats chauds, les cadavres des animaux se décomposent avec une surprenante rapidité, et répandent dans l'air des vapeurs pestilentielles. Or, comme l'hyène et le chacal, les vautours font l'office de balayeurs. Ils débarrassent les environs des villes et des villages de toute matière animale qui commence à se corrompre. Indulgence donc pour le vautour, s'il vous plait! Il est utile, il est bon à quelque chose. En peut-on dire autant de nous?... Sérieuse question que celle-là!

Le vautour est répandu à peu près dans tous les pays. Il y en a un grand nombre d'espèces, variant surtout quant à la taille. Le *Vautour griffon,* le plus grand oiseau d'Europe, habite les hauts sommets des Pyrénées, des Alpes et du Tyrol. Il se trouve aussi en Turquie, en Perse et en Afrique. Son plumage est d'un fauve clair; ses ailes sont encore plus étendues que celles de l'aigle, et son vol est pour le moins aussi rapide.

Le *Condor* ou vautour *des Andes* ne se trouve que

dans les montagnes de l'Amérique du Sud dont il porte le nom. C'est le plus grand des oiseaux connus. Son corps a plus d'un mètre de long et ses ailes déployées mesurent jusqu'à quatre mètres. Son plumage est d'un noir brillant; les grosses plumes des ailes sont grises ou blanches. Comme tous les vautours, le condor porte à la base de son cou nu le collier de duvet blanc; mais il se distingue du vautour proprement dit par la crête ou membrane charnue (assez semblable à celle du dindon) qui surmonte sa tête et retombe des deux côtés du bec. Le condor habite les cimes inaccessibles de la chaine majestueuse des Andes. Là, au milieu de neiges éternelles et d'ouragans épouvantables, il élève ses petits, et regarde dans les plaines au-dessous s'il aperçoit quelque nourriture. Cet oiseau gigantesque n'est pas aussi redoutable qu'on le croyait autrefois. Des voyageurs modernes assurent qu'il est lâche, point féroce, et que ses serres sont trop faibles pour lui permettre d'enlever même un animal de moyenne taille. Il dévore sur place des cadavres, et, en vrai vautour, se repait jusqu'à ce qu'il ne puisse plus bouger. Les Indiens s'en emparent alors assez aisément. Montés sur leurs ardents petits chevaux, ils fondent sur lui, jettent un nœud coulant autour de son cou, puis s'en vont à toute bride, traînant après eux leur victime encore tout alourdie. Le plumage du condor est si ferme, si compact, si épais, qu'on dirait une armure; aussi, ne le chasse-t-on guère avec des armes à feu; car, à moins qu'on ne tire sur lui à bout portant, les balles glissent sur les plumes sans atteindre le corps.

LE CORBEAU.

Voyez-vous cet oiseau qui dépèce gravement un

serpent et qui s'apprête à l'avaler? C'est un corbeau. Le corbeau se trouve partout : en Europe et en Asie, en Afrique et dans le Nouveau monde. C'est un fort bel oiseau. Il est à peu près de la grosseur d'une petite poule ; son plumage est d'un noir pur, du plus beau lustre ; son bec est droit et fort, son œil étincelant. Il marche lentement, posément, d'un air grave, comme un magistrat ; mais lorsqu'il est pressé, il saute de la façon la plus drôle. Comme les divers oiseaux dont je vous ai parlé jusqu'ici, le corbeau est carnivore. Ce qu'il préfère, ce sont des cadavres d'animaux ; mais à défaut de chair, il mange des graines, des insectes, des fruits et du pain. S'il faut en croire une jolie fable que probablement vous connaissez tous, il est même friand de fromage :

« Maître Corbeau, sur un arbre perché,
« Tenait dans son bec un fromage... »

Ceux de ces oiseaux qui habitent les bords de la mer se nourrissent volontiers de coquillages. Pour les casser, devinez ce qu'ils font? Ils s'élèvent dans l'air à une hauteur considérable, puis les laissent tomber sur des rochers.

Le corbeau a la voix rauque; son cri, qu'on appelle *croassement*, est fort désagréable. C'est sans doute pour cette raison, et aussi à cause de sa robe noire, qu'il passait autrefois et qu'il passe encore en certains pays pour un oiseau de mauvais augure. Inutile de vous dire que c'est là une idée aussi ridicule qu'elle est fausse. Le corbeau est très-intelligent ; mais en général, il a mauvais caractère ; il est rusé, turbulent, querelleur. Cependant, quand on le prend jeune, il devient tout à fait privé et s'attache beaucoup à ses maîtres. On raconte qu'un monsieur avait élevé un magnifique corbeau qui plus tard lui fut volé. Dix ans après, ce monsieur, se promenant au Jardin des Plantes de Paris, passa devant une grande volière. Il vit un corbeau qui battait des ailes, hérissait ses plumes et poussait de joyeux croassements. Le monsieur le regarde avec attention. Plus de doute: c'est le corbeau qu'il avait perdu! Il le réclame et il l'obtient. Impossible de décrire la joie du fidèle oiseau quand son maître entra dans la volière. Il vola vers lui avec transport, se percha sur son épaule et le combla de caresses.

Les corbeaux apprivoisés sont très-amusants. Ils

sautillent dans les cours et dans les cuisines, hardis comme des pages et malicieux comme des singes. Vous serez peut-être étonnés d'apprendre qu'on peut leur enseigner à parler distinctement. Un corbeau dont la cage était suspendue en face d'un corps de garde avait si bien appris à imiter le cri de la sentinelle, qu'il réussit plusieurs fois à faire prendre les armes à tout le poste.

Un autre avait des dispositions remarquables pour le chant. Il faisait les roulades à la perfection. Marco (c'était son nom) avait toute la gaieté d'un petit chat; avec cela, il était aimable et caressant. Quand une voiture s'arrêtait devant la porte de son maître, sa joie était à son comble. Il sautait au-devant des visiteurs comme pour leur souhaiter la bienvenue, les conduisait dans la maison, puis, la visite finie, les accompagnait jusqu'à leur voiture. (Que de petits enfants de ma connaissance auxquels Marco aurait pu donner des leçons de politesse!...) Mais tout aimable qu'il était, Marco avait, hélas! bien des graves défauts : il était vif, capricieux, colère comme un enfant gâté. Un jour, il chercha querelle à un bon vieux canard avec lequel il avait vécu jusque-là dans les meilleurs termes, lui sauta à la gorge et l'étendit raide mort.

Un autre corbeau, qui s'appelait Ralph, avait été élevé dans une cour d'auberge. Il s'y promenait gravement du matin au soir, d'un air important et affairé. Lorsqu'un cheval avait le malheur de lui déplaire, il sautait sournoisement jusqu'à ses talons et le piquait de toute sa force avec son gros bec ; puis, sans laisser le temps au cheval de lui lancer une ruade, maitre Ralph s'esquivait au plus vite. Il était la terreur des chats et des chiens du voisinage. Un jour, un roquet tapageur ayant eu l'audace de s'élancer sur Ralph, celui-ci le poursuivit bravement tout autour de la cour, le cribla de coups de bec et le força à prendre la fuite, hurlant, boitant, et la queue entre les jambes.

Pourriez-vous me dire s'il est parlé du corbeau dans la sainte Ecriture ? — Oh ! oui ; bien souvent. La première fois qu'il en est fait mention, c'est dans le terrible récit du Déluge. Ce fut le premier oiseau que Noé lâcha de l'arche après que les eaux se furent arrêtées ; et comme le corbeau ne revint pas, Noé en conclut que les eaux diminuaient.

Il était expressément défendu au peuple d'Israël de manger le corbeau : défense très-sage, car cet oiseau, se nourrissant de cadavres et de toutes sortes d'impuretés, ne peut être que fort malsain.

Vous n'avez sans doute pas oublié la belle histoire du saint prophète Elie, qui, dans un temps de famine et persécuté par un roi cruel, fut nourri dans le désert par des corbeaux. « J'ai commandé aux corbeaux de te nourrir, » lui avait dit le Seigneur ; et en effet, soir et matin, une volée de ces oiseaux apportait au prophète du pain et de la chair.

Le Seigneur Jésus nous dit aussi dans son Evangile : « Considérez les corbeaux ; ils ne sèment, ni » ne moissonnent ; ils n'ont point de celliers ni de » greniers, et toutefois Dieu les nourrit : combien ne » valez-vous pas plus que des oiseaux ? » Que c'est beau et que c'est tendre, n'est-il pas vrai? Comprenez-vous bien la leçon que le bon Sauveur a voulu nous donner? C'est une leçon de confiance en Dieu. Il ne veut pas que nous nous mettions en souci de ce que nous mangerons ou de ce que nous boirons. Petits enfants, vous ne savez pas encore ce que c'est que le souci ; mais vos parents le savent, et vous, hélas ! vous le saurez à votre tour. Puissiez-vous alors vous souvenir de ces douces paroles du Seigneur Jésus : « Vous valez beaucoup plus que des oiseaux ! »

La *Corneille*, plus petite que le corbeau, est de la même famille et lui ressemble beaucoup. Son plumage est noir, à reflets violets ; son chant est lugubre. Elle se nourrit principalement de graines, de noix, d'œufs d'insectes, cependant elle mange aussi de la chair. Moins sauvage que son cousin le corbeau, elle habite volontiers les villes ; on en voit souvent planer au-dessus des clochers et des édifices élevés. A la campagne, les corneilles vivent réunies en troupes nombreuses. Dans certains pays du Nord, on en voit quelquefois des volées si épaisses que le ciel en est littéralement obscurci.

LA PIE.

La pie est aussi proche parente du corbeau. Elle en a les allures et les habitudes. Comme lui elle saute plutôt qu'elle ne marche, et à chaque saut elle remue sa queue, qui est très-longue. Elle est plus petite même que la corneille et de formes plus élégantes. Son plumage est noir, sauf le ventre et les ailes qui sont d'un blanc pur. Sa nourriture consiste principalement en grains et en fruits; mais elle est aussi très-friande d'insectes de toutes sortes et même de petits oiseaux.

Les pies n'aiment pas la solitude ; elles se rassemblent dans les lieux boisés et là forment de petites colonies. Chaque ménage construit un nid au sommet d'un grand arbre. Ces nids, d'apparence assez grossière, sont remarquables par leur solidité. Ils ont un peu la forme d'un berceau couvert et se composent de petites branches épineuses jointes les unes aux autres avec de la boue : à l'intérieur, ils sont garnis d'une couche d'herbes ou de joncs. C'est là que la mère-pie dépose au printemps sept ou huit jolis œufs, tachetés de brun.

La pie, je le dis à regret, ne jouit pas d'une bonne rèputation. Elle passe pour une rusée commère qui médite toujours quelque mauvais coup. « Bavard comme une pie, » « voleur comme une pie, » sont des proverbes bien connus. La pie est-elle vraiment bavarde et voleuse? Hélas oui! ce n'est que trop prouvé. Elle jase, elle caquette toujours. Une famille de pies fait un tapage assourdissant. Comme le corbeau, elle s'apprivoise sans peine, et peut apprendre à répéter certains mots. C'est alors surtout que son babil est intarissable : elle amuse, mais elle fatigue. Le bavard, quel qu'il soit, est toujours fatigant : petits enfants, ne l'oubliez pas !

La pie, ai-je dit encore, est voleuse. Il est certain en effet que ces oiseaux se plaisent à dérober et à cacher toutes sortes de menus objets : des pièces d'or ou d'argent, des bijoux, des épingles, de la vaisselle, etc. On raconte qu'un maître, étonné de la disparition de plusieurs objets de prix, accusa son domestique d'être l'auteur de ces larcins. Celui-ci eut beau s'en défendre : le maître le renvoya, le traita publiquement de voleur, le livra à la justice. Mais au bout de quelque temps, on découvrit qu'une pie était la vraie coupable ; les objets disparus furent retrouvés, et l'innocence du domestique fut pleinement reconnue. Prendre le bien d'autrui ! Oh ! quelle action honteuse que celle-là ! La pie, elle, ne comprend point la portée de ce qu'elle fait ; aussi a-t-elle droit à quelque indulgence ; mais un enfant qui ne rougirait point de s'approprier ce qui ne lui appartient pas mériterait d'être puni avec la plus grande sévérité. « Tu ne déroberas point, » a dit le Seigneur.

La pie n'a-t-elle donc que des défauts ? Oh ! non ;

elle a aussi des qualités; et, pour vous le prouver, je veux vous raconter l'histoire d'une jeune pie apprivoisée. Margot (c'est ainsi qu'on la nommait) avait pris l'habitude de suivre tous les matins la servante de la maison qui allait conduire une famille de petits canards dans un pré voisin. Chaque jour, lorsque la servante allait ouvrir la loge aux canards, elle trouvait Margot en sentinelle à la porte. Un matin, comme la fille venait de faire sortir les cannetons, sa maîtresse la rappela. Que fit alors la pie? Elle conduisit elle-même les canards dans le pré, sautillant après eux, et distribuant aux traînards force coups de bec. Bref, elle s'acquitta si bien de sa tâche, que, dès ce jour, on lui laissa le soin de promener les canards et de les faire rentrer le soir au logis. Cependant, au bout de quelque temps, la famille de Margot commença à diminuer, car la cuisinière faisait souvent main-basse sur les jeunes canards. Margot n'en continua pas moins à remplir scrupuleusement son devoir. Elle conduisit le dernier canard au champ avec le même soin qu'elle y avait conduit tout le troupeau. Enfin, arrive le jour fatal où le seul canard survivant doit tomber à son tour... Mais lorsque la servante se baisse pour le saisir, Margot indignée, furieuse, s'élance vers elle, et lui déchire le visage avec ses griffes et son bec. Puis, elle prend son essor, s'éloigne à tire d'aile, et jamais plus on ne la revit dans le village. Pauvre Margot!...

LE PERROQUET.

Quoique le perroquet ne vive à l'état sauvage dans aucune de nos contrées d'Europe, il est peu d'oiseaux plus connu que lui parmi nous. Je pourrais même ajouter qu'il en est peu de plus aimé et de plus choyé, surtout par les enfants. Cette préférence est facile à expliquer. Et d'abord c'est le plus intelligent des habitants de l'air. Sa mémoire surtout est remarquable. Il s'apprivoise parfaitement, s'attache à ses maîtres, et a des petites façons fort amusantes. Puis son plumage est si beau! ses couleurs sont si brillantes! Enfin, il parle plus distinctement qu'aucun autre oiseau, et souvent avec un à-propos qui étonne. On peut aussi lui enseigner à siffler, à chanter, et à imiter, à s'y méprendre, l'aboiement du chien ou le miaulement du chat.

D'où nous viennent les perroquets? On les apporte sur des vaisseaux de contrées lointaines et très-chaudes, telles que l'Inde, l'Afrique centrale, l'Amérique du Sud, les îles du grand Océan. Les forêts de ces pays, nous disent les voyageurs, abondent en perroquets dont le plumage varié produit, au milieu des arbres, le plus charmant effet. Les mœurs de ces oiseaux sont fort intéressantes à étudier. Ils aiment beaucoup la compagnie et paraissent très-unis entre eux; mais ils ne peuvent souffrir qu'un étranger s'introduise dans leur société. Au reste, ils sont obligeants et serviables; ils se chatouillent réciproquement le cou et la tête, se nettoient les plumes, en un mot, se rendent les uns aux autres une foule de petits services. Très-gais et très-jaseurs, ils font retentir de leurs cris aigus les vastes solitudes qu'ils habitent. D'ordinaire, ils font leur nid dans le creux d'un arbre. Leurs habitudes de propreté sont dignes de tous nos éloges et aussi de notre imitation. Chaque jour ils se rendent en troupe sur le bord d'une rivière et se plongent dans l'eau avec délices, en babillant et riant aux éclats.

Il y a un grand nombre d'espèces de perroquets. La taille des plus gros ne dépasse guère celle d'un beau pigeon. Presque tous sont parés des couleurs les plus éclatantes : jaune, vert, rose, écarlate, bleu de ciel. Le perroquet gris, aux ailes rouges, est peut-être celui qui s'apprivoise et qui parle le mieux : il est originaire de l'Afrique. Les *perruches* sont des perroquets verts à longue queue. Elles se distinguent par la délicatesse et l'élégance de leurs formes, mais on les dit en général peu intelligentes. Et que pensez-vous du bel oiseau que représente la gravure coloriée ? N'est-il pas superbe avec sa robe blanche et son aigrette couleur de soufre ? C'est un *kakatois*, ainsi nommé parce que son cri res-

semble un peu à ce mot. Cette espèce de perroquet se trouve principalement dans les îles de l'Océan Indien et en Australie. Les immenses forêts de ce dernier pays sont peuplées de véritables troupeaux de kakatois qui font un tapage incroyable. S'ils restaient toujours dans les bois, passe encore, mais ils envahissent quelquefois les terres cultivées. En été, ils ravagent les plantations de maïs, et, au temps des semailles, déterrent en un clin d'œil le grain qui vient d'être déposé dans les sillons. Apprivoisé, ce bel oiseau est doux, aimable, toujours de bonne humeur; il aime qu'on s'occupe de lui, et pousse des cris de joie quand on le caresse.

Tous les perroquets ont le bec gros, court et très-crochu, la langue épaisse et charnue, la voix criarde et discordante. A dire le vrai, ils n'ont pas une jolie figure ; de plus, leur démarche est lourde et embarrassée. Leurs ailes étant fort courtes, ils ne peuvent s'élever à une grande hauteur; cependant, leur vol est gracieux et rapide. Ils grimpent aussi admirablement. Pour cela, ils s'aident du bec aussi bien que des pattes. Rien n'est amusant comme de voir grimper un perroquet. Il ne s'élance pas à l'assaut avec l'impétueuse agilité du singe ; non ; il s'accroche de branche en branche, de rameau en rameau, posément, gravement, prudemment. Son gros bec lui tient lieu de main, et il s'en sert avec une merveilleuse adresse.

A l'état sauvage, les perroquets se nourrissent de toute sorte de fruits, de baies et de graines ; ils sont très-friands d'amandes qu'ils savent retirer de leur coquille, quelque dure qu'elle soit. En captivité, ils mangent à peu près de tout : de la viande, des légumes, du pain, du sucre, des gâteaux, etc. On assure que le persil et les amandes amères sont pour eux un poison mortel. Ils portent fort adroitement les aliments à leur bec avec une patte, tandis qu'ils restent perchés sur l'autre. Plusieurs espèces dorment la nuit dans une étrange position. Devinez laquelle... Ils se suspendent par une patte, la tête en bas. Singulier goût, n'est-il pas vrai?

En général, les perroquets s'acclimatent bien en Europe ; cependant, ils sont frileux, et s'enrhument facilement. Ils peuvent vivre jusqu'à quarante ou cinquante ans. Lorsqu'ils sont vieux, leurs plumes tombent et se décolorent.

Il paraît que la chair du perroquet est bonne à manger; car, dans les pays où cet oiseau abonde, on le chasse comme chez nous l'on chasse la perdrix. Les jeunes perruches d'Australie sont un gibier très-estimé : on les fait rôtir au bout d'une ficelle.

Que d'anecdotes ne raconte-t-on pas au sujet du perroquet, et que de traits d'esprit on lui attribue ! Je vous engage, petits amis, à ne pas être trop crédules, et à n'ajouter foi à ces récits que lorsqu'ils vous seront faits par des personnes dignes de confiance. Surtout, n'oubliez pas que, malgré son admirable instinct, le perroquet, non plus que le singe, n'est capable de raisonner, d'agir avec discernement. Ce n'est qu'avant de créer l'homme que Dieu dit : « Faisons-le à notre image; » par conséquent, l'homme seul possède une âme, une conscience, le sentiment du bien et du mal. Cela dit, je vais vous raconter à mon tour quelques histoires relatives à des perroquets; et de celles-ci je puis vous garantir la parfaite exactitude. Je vous en raconterai quatre. Ecoutez bien.

Première histoire. — Transportons-nous, s'il vous plaît, sur le quai d'une grande ville. A une fenêtre est suspendue une cage, et dans cette cage habite un gros perroquet. Jour après jour, maître Jacot observe la foule qui passe ; il écoute et il retient. Un jour, une charrette stationne devant la porte : « Arrière ! Hue ! Arrière ! » crie Jacot à tue-tête. Que fait le cheval ? Il obéit à cette voix si forte et si claire qu'il prend pour celle de son maître. Il recule, recule, recule encore, jusqu'à ce qu'enfin charrette et cheval dégringolent dans la rivière.

Seconde histoire. — Un beau perroquet gris, fort choyé par ses jeunes maîtresses, fut confié aux domestiques, pendant une absence de celles-ci. Poll (c'était son nom) devint très-intime avec la cuisinière. Au retour de ses maîtresses, la grande cage de Poll fut remontée au salon. Le soir venu, on servit le thé. «Cuisinière, une tasse de thé ! » s'écrie une voix impérative. Chacun se retourne étonné : c'était Poll qui, tout frémissant d'impatience sur son perchoir, donnait ainsi ses ordres. On ne parvint à le calmer qu'en lui servant un peu de thé avec du pain dans une soucoupe. La même scène se renouvelait tous les soirs. Vous voyez que Poll était traité en enfant gâté ; mais il était si aimable, si affectueux, qu'en vérité il eût été difficile de ne pas le gâter quelque peu. « Joli Poll! Embrasse Poll! » répétait-il du ton le plus calin en présentant sa tête à l'une ou à l'autre de ses jeunes maitresses.

Troisième histoire. — Loro était un élégant perroquet au plumage mélangé de bleu et d'écarlate. Il était gai, intelligent, familier. Sa tendresse pour son maitre était vraiment touchante ; il n'était jamais plus heureux que lorsqu'il parvenait à se nicher dans son gilet, tout près de sa poitrine. On laissait sa cage ouverte, et il se promenait par toute la maison. Quelquefois même il s'envolait au jardin, en s'écriant dans un transport de joie : « Voilà Loro qui s'envole! » Un de ses grands plaisirs était de prendre un bain. Un matin, une jeune demoiselle, qui était en visite chez les maitres de Loro, entend frapper à sa porte : Toc! toc! Elle ouvre, et qui voit-elle, sinon Loro en personne? Il entre sans façon, saute sur la table de toilette et se plonge dans le pot-à-eau, où il resta longtemps à se trémousser avec délices. Mais malgré toutes ses gentillesses, Loro avait un grand travers : il était capricieux. Il avait ses préférences et ses aversions, et quand il prenait quelqu'un en grippe, jamais il n'en revenait. Une vieille dame, parente de ses maîtres, avait eu le malheur de lui déplaire. Dès qu'elle entrait dans le salon, Loro n'était plus le même. Il hérissait ses plumes, trépignait de colère, soupirait et gémissait de la façon à la fois la plus lamentable et la plus comique. Son œil perçant et sévère suivait tous les mouvements de la vieille dame. S'approchait-elle de lui, ou bien avançait-elle la main vers le sucrier, Loro fondait sur elle et lui piquait les doigts avec son gros bec. On essaya de le guérir de cette antipathie; on le corrigea, on le mit en pénitence, mais tout fut inutile. Au reste, ce travers n'était point particulier à Loro : on le retrouve chez la plupart des perroquets. Ils peuvent être, quand cela leur plait, d'une amabilité charmante, mais leur humeur est inégale, leur caractère fantasque et passionné. Souvent, ils sont boudeurs et grognons, et quelquefois deviennent très-méchants. Pauvres perroquets ! nous vous blâmerons sans doute, mais vous jetterons-nous la pierre ? Oh non, vraiment ! Nous n'en avons pas le droit ; n'avons-nous pas, nous aussi, nos jours maussades et nos moments d'humeur ?

Voici enfin ma quatrième histoire, qui vous montrera à quel point l'intelligence et même la sensibilité du perroquet sont développées.

Un de ces oiseaux, nés et élevés dans une colonie espagnole, avait appris à parler dans la langue du pays. Tout jeune encore, il fut acheté par un voyageur, qui le transporta, du climat brûlant des tropiques, dans la froide et brumeuse Ecosse. Jacot parut d'abord attristé de ce changement, mais il avait de bons maîtres; il était soigné, caressé, dorlotté, en sorte qu'il se réconcilia bientôt avec sa nouvelle demeure. On lui enseigna à parler anglais, et il babillait gaiement tout le long du jour. Cependant, au bout de bien des années, la vieillesse arriva pour Jacot comme elle arrivera, hélas! pour chacun de nous. Il devint silencieux et taciturne. Il ne riait plus, ne grondait plus, ne parlait plus. Son plumage, autrefois vert et or, prit une teinte grisâtre. Enfin il perdit la vue. Un jour, que le pauvre Jacot était tristement blotti dans un coin de sa cage, un étranger, un Espagnol, vint voir ses maîtres. Il l'appelle dans la langue de son pays et lui adresse quelques paroles caressantes. Aussitôt le vieux perroquet se redresse ; il bat des ailes, pousse un cri joyeux, prononce quelques mots en espagnol ; puis, haletant et épuisé, tombe au fond de sa cage : il était mort d'émotion et de joie !

L'OISEAU-MOUCHE.

Regardez encore, je vous prie, la gravure coloriée. Quels sont ces petits oiseaux, aux formes fines et élégantes, au bec allongé, au plumage éclatant, qui voltigent au-dessus du blanc kakatois ? Ils se nomment *Oiseaux-mouches* ou *Colibris*.

L'oiseau-mouche est bien la plus mignonne, la plus délicate, la plus ravissante créature qu'on puisse voir. On dirait une fleur animée, un bijou vivant, un morceau de l'arc-en-ciel. L'or, la topaze, le rubis, l'émeraude, les pierres les plus précieuses, les métaux les plus recherchés, perdent leur éclat à côté de son plumage. On en compte plus de trois cents variétés qui rivalisent entre elles de beauté et de grâce. Quelques espèces sont de la taille d'une abeille, et leurs petits, en sortant de l'œuf, ont tout au plus la grosseur d'une mouche. Leurs jambes, menues comme un brin d'herbe, sont très-courtes ; mais leurs ailes et leur queue sont amples et garnies de plumes si fortes, qu'au toucher on dirait presque des écailles. L'oiseau-mouche se pose quelquefois sur la tige d'une plante ou le rameau d'un arbre, mais jamais sur le sol. On peut dire que sa vie est une vie aérienne. Gai, alerte, plein de vivacité et d'énergie, il sillonne en tous sens les vastes plaines de l'air, faisant miroiter au soleil ses splendides couleurs, et ne souillant jamais au contact de la poussière sa robe étincelante.

« Mais, » me direz-vous peut-être, « où se cachent ces petites merveilles ? Nous n'en avons jamais vu. Dites-nous donc où il faut aller pour faire connaissance avec les oiseaux-mouches. »

D'empaillés, vous pourrez en voir, mes chers enfants, dans tous les musées d'histoire naturelle ; mais de vivants, vous n'en verrez que si vous allez en Amérique. L'oiseau-mouche, en effet, ne se trouve nulle part que dans le Nouveau-Monde. On a bien essayé de le transporter en Europe, mais il ne peut y vivre. Son organisation délicate ne supporte pas le changement de climat. L'Amérique du Sud, les belles îles qui en dépendent, le Mexique et les régions les plus chaudes des Etats-Unis, sont la patrie des oiseaux-mouches. De véritables essaims de ces jolis petits êtres peuplent les grandes forêts de ces contrées, mais ils fréquentent aussi les lieux habités. Ils sont même d'une humeur sociable et familière ; la vue de l'homme ne les intimide pas, et ils vont butiner dans les jardins et jusque sur les terrasses des maisons. Et de quoi se nourrissent-ils, ces petits bijoux de la nature? Ils se nourrissent, soit du suc des fleurs comme l'abeille, soit des insectes imperceptibles qui se trouvent sur les pétales. Leur vol, d'une plante à l'autre, est gracieux et ondulé comme celui du papillon, mais aussi rapide que l'éclair. Le mouvement de leurs ailes produit un doux et harmonieux murmure. Heureux oiseau-mouche! Quelle riante existence le Créateur lui a faite, n'est-il pas vrai? Pour lui, pas de soucis, pas de dure saison à traverser. Sa vie se passe au milieu des brillantes fleurs, inconnues dans nos climats, qui s'épanouissent, toute l'année, sous le beau ciel des tropiques. Il n'a qu'à plonger son bec, aussi effilé qu'une aiguille, dans leur corolle embaumée, pour y trouver un savoureux festin.

Mais j'ai dit que les oiseaux-mouches n'avaient pas de soucis ; j'ai eu tort : ils ont les soucis du ménage. Ne faut-il pas qu'ils se construisent un nid et qu'ils le cachent soigneusement à l'ombre d'une feuille ? Ces nids ne ressemblent pas mal à la coupe d'un gros gland ou, mieux encore, à un cocon de ver à soie partagé en deux. Ils sont d'une beauté et d'un fini admirables. Recouverts, à l'extérieur, d'une mousse grisâtre que le petit architecte y colle avec sa salive, ils se composent, à l'intérieur, d'un tissu de coton ou de duvet soyeux, à la fois léger, moelleux et solide. C'est dans ce mignon petit berceau, que Madame Colibri dépose deux œufs d'une blancheur transparente et de la grosseur d'un pois.

Quoique si petits et de formes si délicates, les oiseaux-mouches sont braves, intrépides, pleins d'audace. Je le dis à regret, ils sont même querelleurs, impétueux et mauvais voisins. Un oiseau quelconque vient-il fort innocemment à voler près de leur nid, ils fondent sur lui, rapides comme une flèche, et fût-il huit ou dix fois plus gros qu'eux, ils l'assaillent avec acharnement, cherchent à lui percer les yeux avec leur bec pointu, et réussissent presque toujours à lui faire prendre la fuite. C'est surtout lorsqu'ils élèvent leur famille, que leur humeur devient intraitable. Ils ressemblent alors à de petits démons : leur gosier s'enfle, les plumes de leur tête, de leur queue et de leurs ailes se hérissent, et ils poussent des cris de fureur.

Une pensée me vient à l'esprit et il faut que je vous la dise, petits lecteurs. L'oiseau-mouche, cet enfant gâté de la nature, gracieux, charmant, admiré, mais irritable et pétulant, me rappelle ces autres enfants gâtés, charmants à leur manière eux aussi, parés de toutes les grâces de la santé et de la jeunesse, chéris de tous, mais qui, bien souvent, hélas!

cèdent, comme l'oiseau-mouche, à la passion, à l'emportement et à la violence. Oh ! qu'il est triste de voir un petit visage, qui ne devrait exprimer que le contentement et la joie, défiguré par le démon de la colère ! Qu'il est triste surtout de songer qu'au fond d'un petit cœur où la reconnaissance et l'amour devraient seuls habiter, bouillonnent des sentiments de malice ou de haine! Cher enfant qui lis ces lignes, souviens-toi que le Seigneur Jésus était doux et humble de cœur, et que si tu veux habiter avec lui dans le ciel, il faut que tu apprennes à lui ressembler ici-bas.

NOS PETITS OISEAUX D'EUROPE.

Venez avec moi, petits enfants. Sortons de la ville et allons nous promener dans la campagne.

L'oiseau-mouche ne vit qu'en Amérique, ai-je dit ; mais nous avons en Europe, en France, tout près de nous, une multitude de petits habitants de l'air, moins brillants que lui, il est vrai, mais bien capables pourtant de nous consoler de son absence. Dieu nous les a donnés pour animer nos campagnes, égayer nos regards, charmer nos oreilles, et aussi pour détruire nos redoutables ennemis : les insectes. Je tiens à vous faire connaître au moins quelques-uns de ces petits oiseaux ; c'est pourquoi je vous invite à faire avec moi une promenade dans les champs.

Nous sommes au mois de mai. Quelle belle, quelle radieuse matinée ! Comme tout nous parle de la bonté et de la puissance de Dieu ! Ecoutez !... Quel est ce chant si clair et si joyeux ? C'est l'*alouette*, qui fait monter vers le ciel son hymne matinale. On dirait qu'elle veut, à sa manière, louer le Dieu de la nature. Dès que le soleil paraît à l'horizon, elle s'élance, vive et légère, vers les cieux. Ne la voyez-vous pas qui monte, monte, monte toujours ? Il y a plusieurs espèces d'alouettes. La plus commune dans notre pays, est celle qui fait son nid sur le sol. Son plumage est d'un gris tirant sur le brun. Elle se nourrit d'insectes, d'herbes et de graines. En automne, elle devient très-grasse, et je regrette de dire que les chasseurs en font alors un grand carnage. Dans certains pays, en Hollande notamment, le commerce des alouettes rapporte tous les ans une somme considérable.

Et cet oiseau, à la poitrine d'un jaune pâle, aux ailes sombres, quel est-il ? C'est une *grive*. (Ne la reconnaissez-vous pas sur la gravure?) La grive est plus grosse que l'alouette. Son chant est d'une pureté et d'une douceur remarquables : peu de nos oiseaux chanteurs ont une voix plus agréable que la sienne. La grive hante volontiers les vergers, les vignes et les jardins, car elle a un grand faible pour les fruits. Au printemps, les premières cerises mûres sont pour elle, et en automne, les premiers raisins. Toutefois, pardonnons à la petite maraudeuse, car le dommage qu'elle fait à l'homme, elle le compense, et au delà, en dévorant une énorme quantité de limaces, de vers, de chenilles et autres insectes malfaisants. Le nid de cet oiseau se distingue par sa solidité. Il est fait de racines, de mousse, de petites branches, et enduit à l'intérieur d'une couche de boue tellement compacte, que l'eau ne filtre pas au travers, mais séjourne dans le nid comme dans un vase de poterie. La grive est commune en France. A l'approche de l'hiver, elle quitte nos départements du Nord et va passer dans le Midi la saison des frimas. Là, elle se cache au fond des bois, vit dans la retraite et le silence, et se nourrit de fruits sauvages, particulièrement des baies du genévrier. Mais quand reviennent les beaux jours, elle paraît de nouveau, et ses notes pures et vibrantes sont un des premiers avant-coureurs du printemps. Malheureusement pour la grive, sa chair, comme celle de l'alouette, est très-estimée. C'est vous dire que cette habile chanteuse tombe souvent, hélas! sous le plomb du chasseur.

Doucement! n'effrayons pas ce joli *chardonneret*, qui se pose sur un grand chardon. C'est sa prédilection pour les graines de cette plante qui lui a valu son nom. Le chardonneret est peut-être le petit oiseau d'Europe qui réunit le plus de charmes. Il se distingue autant par la beauté de sa voix que par la finesse de ses formes et la richesse de son plumage. La poitrine est d'un fauve pâle ; les ailes sont noires, avec de larges raies d'un jaune vif. Le devant de la tête est d'un beau rouge, et le sommet en est si noir, qu'on dirait un petit bonnet de velours. L'œil est brillant et doux, le bec effilé. Le chardonneret est répandu dans toute l'Europe. Il rend à l'homme de grands services, en débarrassant la terre non-seulement d'une foule d'insectes, mais encore de graines de plantes, nuisibles à l'agriculture. Son nid, caché dans la ramée, est un modèle d'arrangement et de goût. C'est une aimable petite créature que le chardonneret. Voyez-le sautillant, gazouillant, voltigeant à travers le bois, le pré ou le vallon. Il paraît toujours de bonne humeur. Son chant semble exprimer le contentement et la joie. Et ce n'est pas seulement par les beaux jours de soleil et de liberté qu'il fait entendre ses vives mélodies : il chante aussi en cage et s'accommode, mieux que la plupart de ses frères des bois, aux ennuis de la captivité. Il s'apprivoise parfaitement. On peut même lui enseigner à faire toutes sortes de tours : à se tenir sur la tête, à puiser de l'eau, à tourner la roue d'un moulin, à porter un petit fusil sur l'épaule, etc. Tout cela est fort absurde, selon moi, et, qui plus est, fort cruel ; mais le chardonneret s'exécute avec autant d'adresse que de docilité. Cher petit oiseau, quelle salutaire leçon tu nous donnes ! Patient et soumis dans la mauvaise fortune, toujours satisfait de ton sort, toujours prêt à chanter, tu nous répètes à ta façon ces paroles du plus saint des Livres : « Soyez contents de ce que vous avez »....

Non loin du chardonneret, j'aperçois un *bouvreuil*. C'est aussi un charmant oiseau que le bouvreuil. Sa tête et son bec sont du noir le plus pur ; sa poitrine est rouge, et le reste du corps d'un gris cendré. Si ses formes étaient aussi gracieuses, aussi déliées que celles du chardonneret, je ne sais vraiment auquel des deux je donnerais la préférence. Le bouvreuil habite indifféremment les jardins, les vergers ou les bois. Il niche dans les haies, sous les charmilles, le long des chemins, et se nourrit de graines et d'insectes. Son chant, peu varié, est pourtant agréable. Quand on le prend jeune, il s'habitue à la vie de cage ; quelquefois même il devient très-familier. J'ai lu dernièrement l'histoire d'un bouvreuil privé, et cette histoire m'a paru si intéressante, si remarquable, que je veux vous la raconter.

Ce bouvreuil, qui s'appelait Giles, était bien le petit oiseau le plus gai, le plus mutin, le plus intelligent qu'on pût voir. Le monsieur qui l'avait élevé le chérissait. Non-seulement il mangeait dans sa main, mais il sortait souvent de sa cage pour le caresser et jouer avec lui. Son plus grand plaisir était de se plonger tous les matins dans un vase rempli d'eau, et puis d'aller sur le rebord d'une fenêtre, sécher ses plumes au soleil. Croyant ajouter à son bonheur, son maître lui donna une petite compagne. Pendant six mois, en effet, Giles goûta une félicité sans nuages ; mais hélas ! au bout de ce temps, sa compagne mourut. La douleur du pauvre veuf fut profonde. Il ne mangeait plus, ne chantait plus et dépérissait à vue d'œil. Son maître craignit de le perdre. Sur ces entrefaites, une jeune parente de celui-ci, atteinte d'une grave maladie, vint passer quelque temps sous son toit. Cette petite fille s'intéressa vivement à Giles. Elle voulait toujours avoir la cage auprès d'elle, et souvent prenait l'oiseau dans ses mains pour le caresser. Des avances aussi affectueuses finirent par triompher du sombre chagrin de Giles. Entre la petite malade et lui s'établit bientôt l'attachement le plus tendre. Il retrouva sa voix pour charmer son amie et passait des heures entières à son chevet, l'égayant par ses jolies chansons. Le matin, il s'empressait de voler sur son lit, la becquetait doucement, sautillait sur ses doigts amaigris, puis allait se nicher dans ses longs cheveux. Cependant l'état de la jeune malade s'aggravait; elle se fanait comme une fleur. Un matin, quand Giles vola sur son lit, il n'entendit plus sa voix aimée; il ne sentit plus sa main caressante se poser sur lui avec amour. Cette voix était muette, cette main immobile pour jamais : la jeune fille était morte! Longtemps le pauvre Giles, blotti sur la poitrine glacée de l'enfant, contempla avec stupeur ses yeux fermés et ses lèvres entr'ouvertes. A dater de ce jour, Giles ne chanta plus. Il retomba dans une morne tristesse, languit quelques mois, puis un matin fut trouvé mort dans sa cage. On l'enterra dans le jardin de la petite fille, au pied de son rosier favori. Cher petit bouvreuil ! Son histoire n'est-elle pas bien touchante ? et son souvenir ne mérite-t-il pas d'être conservé ?

Mais poursuivons notre promenade ; prenons ce sentier qui conduit au bois. Ah ! j'entends le chanteur incomparable, le *rossignol* si justement renommé. Ecoutez ses riches et mélodieux accents. Quelle variété d'intonations ! quel éclat, quelle grâce, quelle souplesse dans sa voix ! Tour à tour, brillant et tendre, plaintif et enjoué, le chant du rossignol ne ressemble à aucun autre : il surpasse en beauté celui de tout oiseau connu. Admirons le chant, mais ne comptons pas apercevoir le chanteur ; car, en général, il se tient caché au plus épais du feuillage. Il est timide, réservé et semble fuir les regards. Le vrai mérite est toujours modeste, et le rossignol, paraît-il, ne fait pas exception à cette règle. Son plumage est d'un brun rougeâtre, cendré en dessous. Ses formes sont élégantes, son vol est gracieux. Il se nourrit exclusivement d'insectes. Le nid de cet oiseau est très-habilement construit, et si bien caché, qu'on parvient rarement à le découvrir. Il est placé d'ordinaire assez bas, dans un fourré, parmi des rameaux entrelacés. L'extérieur se compose d'herbes et de feuilles sèches; l'intérieur est doublé de crins ou de fibres de plantes. C'est pendant que sa compagne est dans le nid à soigner ses œufs ou ses petits, que le rossignol (sans doute pour la distraire), exécute sur un rameau voisin, ses plus suaves, ses plus ravissantes mélodies. Souvent, par les belles nuits d'été, on entend son inimitable voix retentir dans les bocages. Le rossignol est originaire de l'Europe ; cependant il se trouve aussi dans les régions les plus tempérées de l'Asie et de l'Afrique. En Amérique et en Australie, il est inconnu. Cet intéressant oiseau supporte mal la captivité ; rarement il s'apprivoise. En cage, il chante peu et ne tarde pas à dépérir. Ne le privons donc pas de sa liberté. D'ailleurs, où ses accents pourraient-ils avoir autant de douceur et de charme qu'au milieu du silence et du mystère des bois ?

Mais nous voici au bord d'un limpide ruisseau, tout encadré de verdure. Quelle fraicheur délicieuse sous ces ombrages ! Bon !... Nous ne pouvions arriver dans un meilleur moment : il y a une réunion de petits oiseaux qui boivent et se baignent dans le ruisseau. Quel est celui qui sautille si légèrement sur les cailloux, en remuant toujours sa longue queue? Son plumage est gris et blanc. Ses jambes sont hautes, ses mouvements vifs et rapides. C'est une *bergeronnette*. Ce joli oiseau est très-commun dans toute l'Europe. Il vit peu dans les bois, et préfère les jardins, les prés et les champs cultivés. Il fréquente surtout les lieux bas et humides, car il est très-friand des moucherons qui abondent au bord de l'eau.

Ah ! voici un *rouge-gorge*. La belle couleur de sa poitrine le fait aisément reconnaître. Il est petit, mais robuste. Son grand œil noir pétille d'intelligence et de pénétration. L'été, il vit retiré au fond des bosquets et des taillis.

Il se nourrit alors uniquement de chenilles et autres insectes. Son nid, qu'il construit soit dans un buisson, soit au pied d'un arbuste, est soigneusement recouvert de feuilles sèches. En hiver, il se rapproche des habitations et mange ce qu'il trouve. Dans notre pays, le rouge-gorge est relativement peu répandu et personne ne s'occupe de lui ; mais dans le nord de l'Europe, en Angleterre surtout, ce petit oiseau est un personnage aussi connu qu'important. C'est l'habitué de la maison, le favori universel. Quand la neige durcie couvre le sol, il n'est guère de famille, soit riche, soit pauvre, qui n'ait un rouge-gorge pour pensionnaire. Tous les matins, il revient, ce gentil visiteur, becqueter les miettes du déjeuner que répandent, à son intention, les mains empressées des enfants. S'il ne trouve point son repas servi, le rouge-gorge frappe sans façon aux vitres avec son bec ; quelquefois même, il entre dans la maison, et son bruyant ramage semble dire : « Je suis ici, mes amis ! Ne m'oubliez pas, s'il vous plaît ! »

A côté du rouge-gorge, j'aperçois la *fauvette*, cette gracieuse messagère du printemps, à la voix si gaie, si fraîche, si argentine ; puis le *roitelet*, le plus petit de nos oiseaux d'Europe, dont le nid, suspendu d'ordinaire à l'extrémité d'une longue branche de sapin ou de mélèze, est tout simplement une œuvre d'art. Et cet oiseau, au plumage brun, à l'air un peu rustique mais intelligent et éveillé, ne le reconnaissez-vous pas ? Que vous habitiez au Nord ou au Midi, à la ville ou à la campagne, vous devez sûrement avoir vu de ses pareils. C'est un *moineau*, ou, si vous l'aimez mieux, un *pierrot*, ou un *passereau*. Qui pourrait dire le nombre de moineaux répandus en Europe? On les trouve partout, et principalement dans les lieux habités. Au reste, il n'est point d'oiseaux plus faciles à loger. A la campagne, ils nichent dans les haies, dans un trou d'arbre, sous une touffe d'herbes ; à la ville, dans un vieux mur, au coin d'un toit, sur le faîte d'une cheminée. On en a vu s'installer dans la mâture d'un navire et ne pas se déranger quand le navire partait. A l'entrée de l'hiver, les moineaux s'assemblent en troupes nombreuses et s'abattent sur les champs nouvellement ensemencés, où ils font souvent de grands dégâts. De là, les dispositions peu bienveillantes des cultivateurs à leur égard. Et pourtant, il est prouvé aujourd'hui que, malgré leurs méfaits de l'hiver, la grande famille des moineaux a droit à la reconnaissance générale. Sans eux, en effet, les fruits de la terre seraient dévorés par les chenilles. La quantité de ces insectes si nuisibles, consommée annuellement par les moineaux, est incroyable. On a calculé que, pendant qu'ils nourrissent leurs petits, deux de ces oiseaux détruisent environ 1,600 chenilles par semaine! Quelquefois, on a voulu les exterminer, mais l'expérience n'a pas tardé à démontrer que personne ne gagnait à leur absence, si ce n'est les insectes qui multipliaient dans une proportion effrayante. Bien plus : savez-vous que ces petits pierrots, dédaignés et souvent persécutés parmi nous, sont tellement appréciés en Australie, qu'on en fait venir à grands frais d'Europe? Ils sont expédiés d'Allemagne par cage de trois cents. Chaque navire en apporte plusieurs milliers. Dès l'arrivée, on s'empresse d'ouvrir les cages, et les moineaux s'envolent au loin, détruire, dans leur nouvelle patrie, les nuées d'insectes qui, trop souvent, y anéantissent les récoltes. Le moineau a la réputation d'être effronté et indiscret ; pour ma part, je ne le trouve qu'intrépide et familier. Comme le rouge-gorge, il s'habitue à venir régulièrement becqueter des miettes sur la fenêtre. Il peut même s'apprivoiser, mais il est triste en cage.

J'ai souvent vu, et toujours avec indignation et dégoût, de petits garçons qui traînaient après eux, par une ficelle attachée à sa frêle patte, un malheureux moineau, et qui en faisaient leur souffre-douleurs. Oh ! mes chers enfants, j'aime à croire que pas un de vous n'a commis un pareil acte de cruauté ; mais si vous l'aviez fait, j'espère que le rouge de la honte vous monte au front en ce moment. « L'homme méchant est cruel, » dit la Parole de Dieu.

Le moineau est souvent mentionné dans l'Ecriture sous le nom de *passereau*. Notre cher Sauveur, voulant encourager ses pauvres enfants inquiets et troublés, leur dit avec sa simplicité habituelle : « N'a-» t-on pas deux passereaux pour une petite pièce de » monnaie ? Et cependant il n'en tombe pas un seul » à terre sans la permission de votre Père Céleste. » Ne craignez donc rien : vous valez mieux que » beaucoup de passereaux. »

Je pense que le Seigneur Jésus faisait aussi allusion aux passereaux quand il disait : « Les renards » ont des tanières et *les oiseaux du ciel ont des nids*, » mais le Fils de l'homme n'a pas où reposer sa » tête. »

C'est sous l'impression de ces touchantes paroles que je veux te laisser, petit lecteur. Si je t'ai parlé de quelques-uns des habitants de l'air, c'est pour t'instruire sans doute, mais c'est avant tout pour te faire admirer la merveilleuse puissance et la tendre bonté du Créateur. Et ne l'oublie pas : le Dieu de la nature dont les œuvres sont si belles, est aussi le Dieu de l'Evangile qui t'a donné un Sauveur. Oh ! dis, petit enfant, ne veux-tu pas aimer ce Sauveur miséricordieux qui s'est fait pauvre pour toi, qui t'a aimé jusqu'à la mort, qui est toujours prêt à te pardonner et à te bénir? Ne veux-tu pas te confier en lui pour le temps et pour l'éternité ?

FIN

www.ingramcontent.com/pod-product-compliance
Ingram Content Group UK Ltd.
Pitfield, Milton Keynes, MK11 3LW, UK
UKHW021646260726
13994UKWH00003B/1295